# 哇！黏土

## 小小的萌系精灵

陈淑湘 著

" 手作陪你度过
欢乐童年的小精灵 "

江苏凤凰文艺出版社
JIANGSU PHOENIX LITERATURE AND
ART PUBLISHING, LTD

## 图书在版编目（CIP）数据

哇！黏土：小小的萌系精灵 / 陈淑湘著. -- 南京：
江苏凤凰文艺出版社，2019.3
ISBN 978-7-5594-3256-8

Ⅰ. ①哇… Ⅱ. ①陈… Ⅲ. ①粘土－手工艺品－制作
Ⅳ. ①TS973.5

中国版本图书馆CIP数据核字(2019)第016045号

| | |
|---|---|
| 书　　　名 | 哇！黏土 小小的萌系精灵 |
| 著　　　者 | 陈淑湘 |
| 责 任 编 辑 | 孙金荣 |
| 特 约 编 辑 | 石慧勤 |
| 项 目 策 划 | 凤凰空间/石慧勤 |
| 封 面 设 计 | 李维智 |
| 内 文 设 计 | 李维智 |
| 出 版 发 行 | 江苏凤凰文艺出版社 |
| 出版社地址 | 南京市中央路165号，邮编：210009 |
| 出版社网址 | http://www.jswenyi.com |
| 印　　　刷 | 天津久佳雅创印刷有限公司 |
| 开　　　本 | 710毫米×1000毫米　1 / 16 |
| 印　　　张 | 9 |
| 版　　　次 | 2019年3月第1版　2024年4月第2次印刷 |
| 标 准 书 号 | ISBN 978-7-5594-3256-8 |
| 定　　　价 | 58.00元 |

# 前 言

一次偶然的机会让我接触到了黏土，那时我用黏土做了植物大战僵尸中的一个角色，造型还算逼真。然而令我至今难以忘怀的是当时做黏土留下的新鲜感和做好后的成就感，从此，黏土在我的心里扎了根。

最开始玩的黏土属于超轻黏土，后来在手工坊教学才接触到树脂黏土和软陶，最终我选择用树脂黏土捏造型。因为它手感细腻，质感好，更重要的是不用烤，既有超轻黏土的优点也有软陶的质感。作为动漫迷的小小，起初以制作动漫角色为主，随着制作技法的提升以及想法的增多，便不仅仅拘泥于做动漫角色。2015年偶然发现了国外大神用黏土做的美人鱼作品，为之倾心，并决心要做出属于自己的小精灵作品，于是开始制作一些萌系精灵的黏土作品。

在玩黏土的这几年中，生活变得越来越充实和丰富。为了记录玩黏土这一过程，同时也为了将有趣的制作技法分享给大家，我决定以此书为载体，引导更多热爱玩黏土的朋友发挥自己的想象力与创造力，亲手制作出更多更有趣的黏土作品。本书精选18个案例，从入门、提升到延展，循序渐进地讲解了那些陪我们度过欢乐童年的美人鱼和小仙子的制作方法，这是一本载满童年回忆的手工书。

在做手工这条道路上，认识了很多志同道合的小伙伴，也受到了很多粉丝的鼓舞，她们的一句"好美啊！""心都萌化了""能看到这样的作品，感觉好暖心"让我更加明确了自己做手工的信念和初心，即使整日都在研习黏土作品都不觉得有多辛苦，因为唯有让自己的技术不断精进，才能做出更完美的作品，并以此来回馈大家对黏土作品的喜爱与支持，也非常感谢凤凰出版传媒集团的邀约，与大家一起分享黏土小世界里的点滴生活。

愿以此书与那些同我一样热爱生活，热爱玩黏土的朋友们共勉！

# 目 录

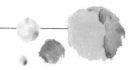

# 提升篇
爱上精灵乐园

**61**

# 基础篇

## 树脂黏土知识

## 何为树脂黏土

树脂黏土是一种带有黏性及柔性的黏土材料，可以自由塑造出色彩鲜艳、精致的作品形象。它的手感细腻柔软，可塑性和延展性强，富有弹性且容易操作。作品完成后自然风干，无需烘烤。

## 树脂黏土的选择

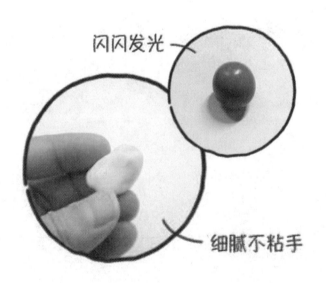

闪闪发光

细腻不粘手

市面上的树脂黏土多种多样，手感又各不相同，以手感柔软细腻，不粘手、不粘垫板，有光泽、不掉色的树脂黏土为最佳选择。

# 常用工具与配件

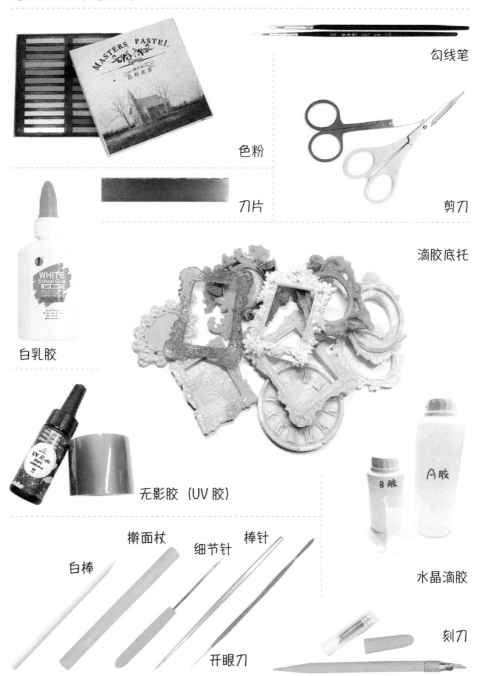

勾线笔

色粉

剪刀

刀片

滴胶底托

白乳胶

无影胶（UV 胶）

水晶滴胶

擀面杖

棒针

细节针

白棒

开眼刀

刻刀

珍珠

水晶钻、
圆形珍珠、
迷你合金配件

闪粉亮片

合金底托

平底珍珠

闪钻

海螺、
海星、
贝壳

## 调色表

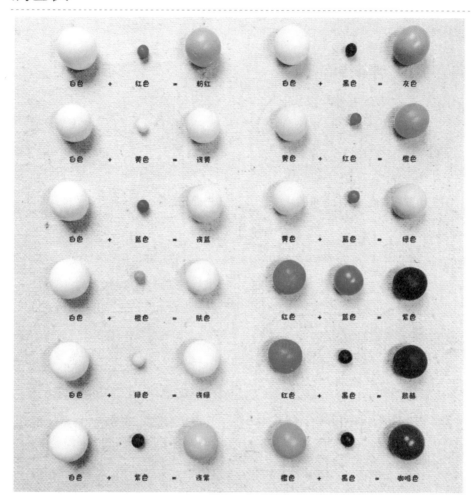

| | | | | | | | |
|---|---|---|---|---|---|---|---|
| 白色 | + | 红色 | = | 粉红 | 白色 | + | 黑色 | = | 灰色 |
| 白色 | + | 黄色 | = | 浅黄 | 黄色 | + | 红色 | = | 橙色 |
| 白色 | + | 蓝色 | = | 浅蓝 | 黄色 | + | 蓝色 | = | 绿色 |
| 白色 | + | 橙色 | = | 肤色 | 红色 | + | 蓝色 | = | 紫色 |
| 白色 | + | 绿色 | = | 浅绿 | 红色 | + | 黑色 | = | 黑褐 |
| 白色 | + | 紫色 | = | 浅紫 | 橙色 | + | 黑色 | = | 咖啡色 |

## 如何渐变调色

准备两种颜色的黏土，搓长条状。
1

压扁后折叠起来。

2

再用擀面杖压扁。
3

再折叠起来。反复折叠压扁。

4

渐变色逐渐形成。

5

# 黏土基本形状

### 球体捏法

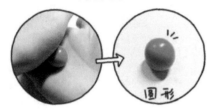

把黏土放在手心，两只手来回摩擦把黏土揉圆。

### 椭球体捏法

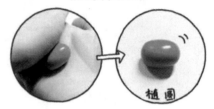

先把黏土揉圆，一只手来回搓，即可成椭球体。

### 水滴形捏法

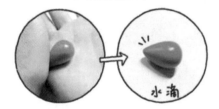

先把黏土揉圆，然后用两只手搓其一端直到变尖，即为水滴形。

### 蛋形捏法

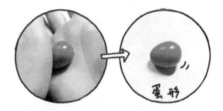

先把黏土揉圆，再用两手搓其一端，使其较另一端稍细，即为蛋形。

### 正方体捏法

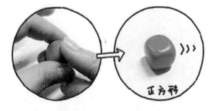

先把黏土揉圆，再用两手的拇指和食指将其压出六面，即为正方体。

### 橄榄形捏法

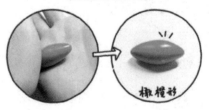

先把黏土揉成椭圆，再用两手将其两端搓细，即为橄榄形。

# 注意事项

制作前要检查双手是否干净，不要让黏土沾上灰尘，尤其是浅色的黏土。

制作时，先确定黏土用量，避免浪费，用剩的黏土要用保鲜膜包裹，否则长期接触空气容易变硬。

黏土在做造型之前要先揉捏均匀，这样才能保证作品的光泽度和光滑度。

黏土湿润时本身具有黏性，干后则需要用白乳胶粘贴。

调色时要控制黏土用量，不要一次性使用大量黏土调色，因为树脂黏土干后颜色会稍微变深。

素材色为半透明，越薄透明度越高，加素材色调色只能使黏土颜色稍变浅。

制作时，如果黏土粘手，可涂些润肤霜或痱子粉，普通文件夹可当作操作垫使用。

为了增加或保护黏土作品的光泽度，可涂一些亮油。

入门篇

进入精灵乐园

# MERMAID BELLA

# 美人鱼
# 贝拉

## 材料和工具

材料：树脂黏土、白乳胶、闪
粉、珍珠、色粉
配件：复古钥匙底托
工具：棒针、开眼刀、刻刀、
剪刀、刀片、勾线笔

## 难易指数：☆☆

## 注意事项

★ 做人鱼前，先准备一个底托。

★ 底托的作用是托住黏土作品，使其不易损坏，同时具有装饰性。

★ 利用底托可以制作项链或胸针等小饰品。

★ 树脂黏土容易干，做有动态的身体部位时速度要尽量快，否则黏土干后会有折痕。

★ 美人鱼没有固定的比例，大小依据个人喜好而定。

1

先调色，少量红色黏土加黄色黏土调出橘色。

2

取一部分橘色黏土，搓出长水滴形状做鱼尾，粗的一端用手指稍压扁。

3

鱼尾稍弯曲，调整出鱼尾的动态感。

4

做美人鱼上半身。搓一条较短的水滴形，将粗的一端用手指稍压平整。

5

将上半身与鱼尾黏合。

注意：黏合时如果黏土两端已干，则需要用到白乳胶。

6

在人鱼身体背面涂白乳胶，把它粘在钥匙底托上。

7

找合适的位置将鱼身粘在底托上。

注意：不要太用力，否则会导致身体变形。

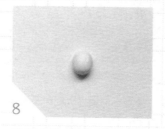

8

接下来做头部，取肉色黏土，搓成小椭圆形，稍压扁。

注意：头部的大小应与身体大小成比例。

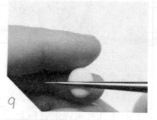

9

用棒针在椭圆 2/3 的位置处压出眼睛的轮廓。

10

调整脸部的形状。

注意：调整的时候要注意手的力度，别把脸捏得变形。

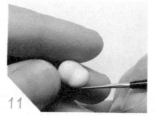

11

用开眼刀调整下巴的形状，让脸部看起来修长而不显得肥胖。

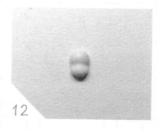

12

做好的头部放一旁待干，脸部表情最后做，否则头部容易变形。

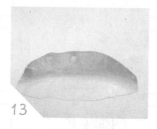

13

用黏土做渐变色鱼尾鳍。

14

用刻刀划出 2 片大尾鳍和 3 片小臀鳍的形状。

注意：尾巴摆动的方向应与尾鳍倾斜的方向一致。

15

用工具刀压出鱼鳍折痕，注意力度。

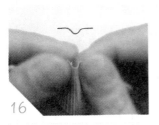

16 从尾鳍中间开始弯折（也可以从边缘弯折）。

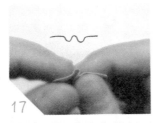

17 操作步骤类似于折叠扇子。

18 反复折叠几次即可。

19 折好后的尾鳍形状。

20 折叠好的 5 片鱼鳍。

21 用棒针将尾鳍折叠的一端压扁，这样便于跟鱼尾进行黏合。

22 用剪刀将尾鳍末端多余的部分剪掉，剪口形状较尖。

23 在尾鳍背面尖端处涂上白乳胶。

24 将鱼鳍粘在鱼尾端，缝隙处用闪粉进行自然过度。

25

修剪臀鳍，使其便于粘贴在人鱼腰间。

26

将臀鳍粘在腰间，调整好位置，使形体表现出动态。

27

取红褐色黏土搓细做眼睛。
注意：黏土只有在很软的情况下才能搓出纤细的长条。

28

切取两条细黏土做眼睛，两条纤细的黏土做眉毛。

29

用棒针在眼眶位置涂上白乳胶。

30

把眼睛粘在眼眶位置，用开眼刀调整眼睛的弧度。

31

粘上眉毛，再用红色黏土做嘴巴。
注意：五官的线条搓得越细越显得精致。

32

接下来调头发的颜色，用一点点绿色黏土加白色黏土。

绿色 ＋ 白色 ＝ 浅绿

33

取调好的黏土粘在后脑勺，这样头部看起来会更饱满。

**34**

把白乳胶涂在脖子处，让其与底托粘紧，同时注意把握力度。

**35**

取肉色黏土搓长条做手臂。注意：手臂长度应与身体尺寸协调。

**36**

用手指搓出手臂肌肉。

**37**

搓出另一只小手臂。

**38**

粘在身上，并调整好形态。

**39**

取浅绿色黏土搓成长条做头发。

**40**

将其稍微压扁，用刀片压出发丝纹路并注意力度。

**41**

在发端涂白乳胶粘在头部下面，发尾弯曲，呈现飘逸的感觉。

**42**

同样方法再做一条长发并粘在头部。

43

搓较细的第三条长发并粘贴，注意秀发之间留有空隙，不要紧紧粘在一起。

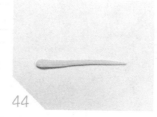

44

搓短一点的第四条头发。

45

粘在头部并将尾端卷起，这样会显得更加自然飘逸。

46

搓短且粗的第五条头发。

47

粘在头部的另一侧，并适当用剪刀修剪发尾。

48

搓出短的第六条头发，粘在头部，并使其自然卷曲。

49

头发部分的制作基本完成。

50

用开眼刀在短头发一侧轻轻挖个洞。

51

做一只"耳朵"（方法参照鱼鳍的制作）。

52

将耳朵粘在头上。

53

人鱼基本完成，取少量色粉涂在脸颊、手臂与身体处。

54

在头发与"耳朵"处粘贴一颗珍珠。

55

鱼尾与鱼鳍的连接处涂白乳胶，撒一些橙色闪粉。

56

这样可以遮挡接痕，过度得很自然。

57

在头发以及鱼尾连接处粘上珍珠就完成了。

注意：半圆珍珠适合粘在与其接触面积较小的尾部，圆形珍珠适合粘在与其接触面积较大的头发间。

58

待干透后，可涂上防水油并串上珍珠做项链。

做头发的时候一定要注意留出空间，不要全部紧贴在一起，不然看上去会很僵硬。

# THE LITTLE MERMAID

## 美人鱼
## 爱丽儿

**材料和工具**

材料：树脂黏土、白乳胶、
亮片、闪粉
配件：复古底托
工具：棒针、开眼刀、刻刀、
刀片、勾线笔

**难易指数：** ☆☆

## 注意事项

★ 准备一个椭圆形底托。

★ 用黏土做底托的背景时，将白乳胶涂在黏土边缘，使其与底托边缘紧密粘贴，否则黏土干后边缘会卷曲。

★ 人鱼的尾鳍随着人鱼的身体姿态改变方向与位置，制作过程中适当进行调整，使其整个身体自然协调。

1

取适量白色和蓝色黏土做渐变底托背景。

注意：黏土不要太干，否则很难融合，使过渡不自然。

2

做出白蓝渐变的黏土底托背景。

3

将其放入底托中，用刻刀切掉多余的部分。

注意：白乳胶涂在背景黏土边缘，使黏土与底托紧密粘贴，不留缝隙。

4

用棒针或锥子将黏土与底托间的气泡戳破后再将黏土压平整。

5

在黏土的白色区域粘亮片，会让背景看起来更闪耀。

6

可在亮片上涂适量白乳胶与黏土进行粘贴，避免亮片粘贴不牢固而脱落。

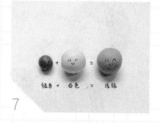

7

取少量绿色黏土加白色黏土，调出浅绿色黏土球。

8

取一部分浅绿色黏土搓成长水滴形，做人鱼身体。

9

将拇指或其他手指倾斜在鱼身上搓出一个凹槽。

10

顺着凹槽将鱼身体两端折过来。

11

取肉色黏土搓成水滴形，做人鱼上半身，并与下半身紧密粘贴。

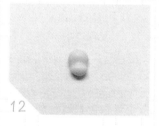

12

做好头部后放一旁待干。（做法参考美人鱼贝拉头部的制作）。

13

取少量浅绿色黏土加素材色黏土，调出浅绿色半透明黏土球。

14

将人鱼身体粘在底托上。用浅绿色半透明黏土搓成小长条，粘在人鱼腰间。

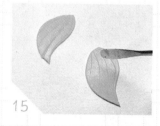

15

用浅绿色半透明黏土做出人鱼尾鳍，再用开眼刀划出鱼鳍纹路。

16

把两片尾鳍粘在鱼尾部，用
手捏出自然弯曲的形态。

17

搓两个紫色的小椭圆，用刻
刀划出纹路。

18

粘在胸前做贝壳内衣。

19

待头部干度达 70% 左右，
开始做人鱼表情。用红褐色
黏土搓两只精致的小圆眼。

20

将眼睛粘在眼眶里并压扁，
再做出两条细小的眉毛。

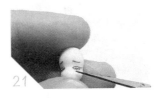

21

取一丁点儿白色黏土，粘在
眼睛上做高光。

22

最后搓个红色细条做嘴巴，
表情就完成了。如果黏土制
作表情有困难，也可用颜料
代替。

23

取少量黑色黏土加红色黏
土，调出深红色黏土球。

24

将做好的头部与身体粘在
一起。

25

取少量深红色黏土粘在后脑勺上。

26

将深红色黏土搓成长条后稍压扁做头发，用刀片划出发丝线。

27

将头发一端粘在头部，用手将发尾卷曲，做出飘逸感。

28

将第二条细长发粘在第一条长发上，并使其弯曲，呈现柔软的效果。

29

头发中间如果有空隙，可以搓一条极细的黏土黏合。

30

搓两条大小不一的头发，粘在头部，并做出卷曲飘逸的形态。

31

搓出第五条头发，粘在刘海的位置。
注意：头发之间要留有空隙，不要全部粘在一起。

32

用开眼刀调整头发与前额间的空隙，使发型蓬松。

33

在头部另一侧粘一条短发。

34

待头发做好后检查发丝纹
路是否有磨损，并用刻刀进
行适当的修整。

35

搓出手臂，并将手臂沿关节
处弯折。

36

将手臂粘在身体上。

37

用工具调整手臂的姿势，让
手臂呈自然的抱膝状。

38

准备装饰品、闪粉、亮片，
对其进行装饰。

39

装饰好的效果。

40

最后用勾线笔在人鱼脸上
及手臂关节处涂上闪粉。

做好后，可加链条做成项链，
也可加胸针配件做成胸针哦！

**材料和工具**

材料：树脂黏土、闪粉、亮
片、白乳胶、色粉

配件：复古底托

工具：棒针、开眼刀、刻刀、
勾线笔、色粉

**难易指数：**☆☆

## 注意事项

★ 准备一个带花边的椭圆形底托。

★ 仙子的身体比例可以比正常人的身体比例夸张一些。只要整体看上去舒服即可。

★ 翅膀应在最后安装。

1

用肉色黏土搓出仙子的上半身。

2

将身体粘在加背景的底托上，腰部稍压扁，便于与腿部粘贴。

3

制作腿部（方法同手臂制作），用刻刀切掉多余的部分，并留出做脚掌的部分。

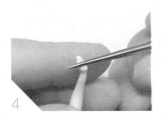

4

用棒针压出脚板底。

5

压出脚踝部位。

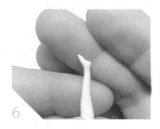

6

稍做调整就变成一只可爱的小脚了。

7

将大腿与小腿部位沿关节处弯折。

8

用浅绿色黏土搓一个小椭圆，压扁做鞋子。

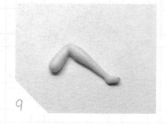

9

将鞋子粘在脚上。

10

搓一个白色小圆球，粘在鞋子上面做装饰。

11

将做好的两条腿与上半身粘贴，并调整腿部姿势。

12

取一点绿色黏土压扁，用刻刀划出裙装的形状。

13

让裙子裹紧身体，多余的部分用刻刀切断。
注意：待黏土底托干后再切，否则会把底托切掉。

14

处理好后的效果。

15

可以再做一片黏土粘在臀部与底托接触位置，形成完整的裙子。

16

取少量肉色黏土做出手臂，并用手指搓出手臂肌肉。

17

手臂的大小应与身体的比例协调。

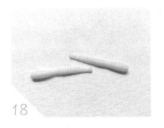

18

搓好的两只小手臂。

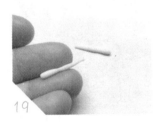

19

做出两只小手。

20

将手臂粘在身体上，并让手自然搭在一起。

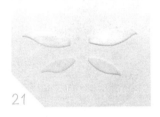

21

将素材色黏土压扁，用刻刀划出翅膀的形状。然后放一旁待干。

22

用闪粉和亮片装饰翅膀。

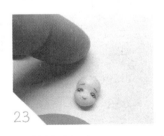

23

做出头部。

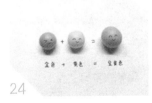

24

用金色黏土和黄色黏土调出金黄色黏土。

25

将调好的金黄色黏土贴在脑勺后，并与底托粘贴。

26

取少量金黄色黏土搓成长条，并将两端搓细长。

27

将长条绕头部粘贴，并将多余的部分切掉。

28

用刻刀划出发丝的痕迹。

29

搓一个小圆球，粘在头上做丸子头，刻刀划出发丝线。

30

头部一侧粘小股头发，并用刻刀划出发丝线。

31

取一点金色黏土稍压扁，用剪刀剪出刘海形状。

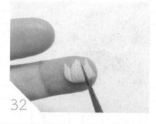

32

再用刻刀划出发丝线。

33

粘在脑门上，不要紧贴额头，做出空气刘海。

34

把翅膀粘贴在背部。

35

在脸部及身体各关节处涂上色粉，就完成了。

36

可以装金属链或者胸针配件做饰品。

小仙子
叮当

FAIRIES
ELVES

# 花精灵
# 爱尔

## 材料和工具

材料：树脂黏土、白乳胶、
水晶钻、闪粉、珠光粉
配件：复古底托
工具：棒针、开眼刀、刻刀、
剪刀、刀片、勾线笔

**难易指数：**☆☆

## 注意事项

★ 准备一个圆形底托，最好带有自然元素，比如树叶、花草等。

★ 做裙子时注意黏土要压薄一点，才会显得更加飘逸。

1 做一只腿，并在小腿末端预留出做脚掌的部分，然后切掉多余的部分。

2 再用棒针压出脚板底。

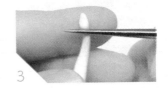

3 压出脚踝部位。

4 沿关节处将大腿与小腿进行弯折。

5 调整好弯折角度，一条腿就做好了。

6 同样方法再做出另一条腿。

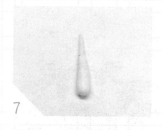

7

搓出仙子的上半身。

8

身体部位涂上白乳胶粘在底托上，腰部压扁一点。

9

将大腿与腰部粘贴的位置压扁一点。

10

将双腿粘在底托上，调整好姿势。

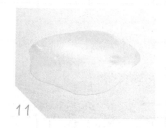

11

用白色黏土和粉红色黏土调渐变色黏土球，并将其延展开。

12

切一片粉红色黏土做衣服。

13

用棒针压出衣服的纹路。

14

用刻刀将调好的渐变色黏土片切出裙摆的形状。

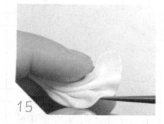

15

将黏土片折叠起来（方法参考鱼尾的折叠），可用棒针适当调整裙摆的褶皱。

16

用棒针将粉红色黏土部分的末端压扁。

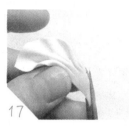

17

用剪刀修饰末端，使其呈现尖角状。

18

将做好的裙摆盖在大腿上，用棒针处理褶皱细部。

19

同样方法做第二片裙摆，粘在大腿与底托接触的一侧。

20

做好头部。

21

将头部粘贴到身体部位，并调整好姿势。

22

选择一颗水晶钻粘在胸前。

23

做两只一大一小的手臂。

24

较小的手臂粘在身体与底托接触的内侧，做成抱着水晶钻的姿势。

25 顺时针旋转 90 度的效果。

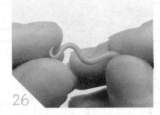

26 取一点橘黄色黏土搓成波浪状长条。

27 将长条粘在后脑勺做长发。

28 再搓 3～4 条波浪状长发，粘在头部。

29 搓一条较细的短发，粘在头部与底托接触的内侧。

30 头顶部位可以直接粘一块黏土。

31 用刻刀划出发丝线，不要太用力，看到划痕即可。

32 搓两个长水滴形，做前额的头发造型。

33 将两条头发粗的一端对称粘在前额中间位置。

34

取绿色黏土搓成细长枝条，
粘在底托空白处做装饰。

35

用开眼刀划出枝条的纹理，
注意不要太用力。

36

用绿色黏土做两片叶子粘
在枝条上。

叶子的做法：搓两个小水滴
形，稍压扁，再用开眼刀划
出叶脉纹路。

37

适当添加枝条及树叶，让底
托装饰得更饱满。

38

取红色黏土，搓成细长条，
压扁。

39

将长条从一端卷曲。

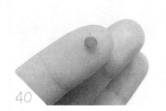

40

做成一朵简易小花。

41

可以做 3~4 朵小花，粘在
树叶上。

42

做两朵小花粘在头发上做
装饰。

43

44

45

可以在枝条上涂一点闪粉，进行装饰。

头发上可以涂一点橘黄色闪粉，增强效果。

裙摆上可以涂一些珠光粉，让裙子看起来更加闪耀。

46

47

48

在身体的各关节处及脸部涂上腮红，以便更加丰腴、可爱。

作品效果展示。

可根据底托中空的特点将其做成项链饰品。

### 一看就会的自我升级课件

如果觉得难，可以先找些简单的造型练习，提升自信心。

比如这款小盆栽，颜色分明，制作步骤简单，由基础造型组成。作为日常装饰品摆在书桌旁，可以美化生活，增加趣味性。

# SNOW ZUEEN ELSA

# 冰雪女王艾莎

**材料和工具**

材料：树脂黏土、闪粉、亮片、白乳胶、色粉

配件：复古底托

工具：棒针、开眼刀、刻刀、剪刀、勾线笔、黏土擀面杖

**难易指数：** ☆☆

# 注意事项

★ 准备一个有雪花或冰块元素的底托。
★ 一般在制作有长裙的精灵作品时，可以不用做双腿，直接做一条蓬蓬裙即可。

1 做浅蓝色和蓝色的渐变黏土球，并将其延展开。

2 将其粘在底托上，多余的部分用刻刀切掉。

3 取白色黏土搓一个长的小水滴形。

4 将白色黏土搓成松树状粘在底托上，并用开眼刀划出枝干的形貌。

5 做2～3株黏土松树，粘在底托上。

6 在松树上用手指涂一些白色闪粉。

7

粘几颗亮片做成雪松。

8

取少许蓝色黏土，搓成梯形长条。

9

用白棒或棒针从黏土粗的一端插入，慢慢旋转调整出裙摆的形状。

10

再用棒针在裙摆外侧压出褶皱。

11

将裙子粘在底托上，用棒针或白棒挑起裙尾，展现长裙飘逸的效果。

12

将裙子的腰部用工具压平整一些。

13

再搓一个肉色上半身粘在裙子上。

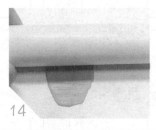

14

取少量蓝色黏土，用黏土擀面杖压薄。

15

用刻刀切一片。

16

将切片粘在身体上做衣服，多余的部分用刻刀切掉。

17

取少量蓝色黏土加素材色黏土调出浅蓝色半透明黏土球。

18

用黏土擀面杖将浅蓝色半透明黏土压薄，再用刻刀划出布片形状。

19

折出褶皱（参考鱼尾折法）。

20

尖端稍微压扁，再用剪刀剪去多余的部分。

21

用白乳胶将其粘在衣服后面，做出飘逸的披风。

22

做好头部。

23

将头部与身体粘贴，并调整好姿态。

24

在裙子上涂一些蓝色闪粉，让裙子看上去闪闪发亮。

25 在披风尾端粘一些菱形亮片，形似冰雪。

26 取少量金色黏土加白色黏土调出浅金色黏土球。

27 取一点浅金色黏土粘在后脑勺，用刻刀划出发丝线。
注意：发丝线方向应与所扎辫子的方向一致。

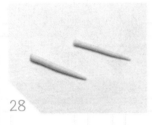

28 用浅金色黏土搓两条长水滴形，稍微压扁一点。

29 用刻刀切出麻花辫的纹路。

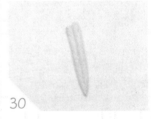

30 再涂一些白乳胶，把辫子粘在一起。

31 将辫子粘在头部。

32 搓个小水滴形，压扁一点，用刻刀划出发丝线。

33 将其粘在辫子尾端，再搓一条极细的蓝色长条围住辫子末端的接合处做发带。

**34**

接下来开始做头顶的头发，同样搓出小水滴状黏土压扁划出发丝线。

**35**

将小水滴状黏土粘在头顶，多余的部分用刻刀切掉。

**36**

在头顶的两侧分别再做两片头发粘在一起。

**37**

用刻刀划出发丝线。

**38**

搓两条细一点的头发，环形粘在头顶，并用刻刀划出发丝线。

**39**

搓几条细一点的头发，粘在辫子和头部的连接处，注意要留出空隙。

**40**

搓两个小水滴状黏土做出刘海。

**41**

搓一些小水滴状黏土并压扁，尖端向下粘在辫子上。

**42**

粘好的小水滴状黏土使辫子看起来更加生动自然。

43

将小水滴状的头发尖端粘在辫子缝隙里即可。

44

然后搓出小手臂，粘在身体与底托接触的内侧并调整好姿势。

45

用做披风剩余的黏土划出图45的形状。

46

将划出的彩条包在手臂上，多余的部分用刻刀切掉。

47

最后涂上腮红，就可以了。

48

可以做成项链或胸针。

一看就会的自我升级课件

夏日必备解暑圣物——冰淇淋。

颜色分明，用料少，使用剩余的黏土即可完成，而且不会融化哦！

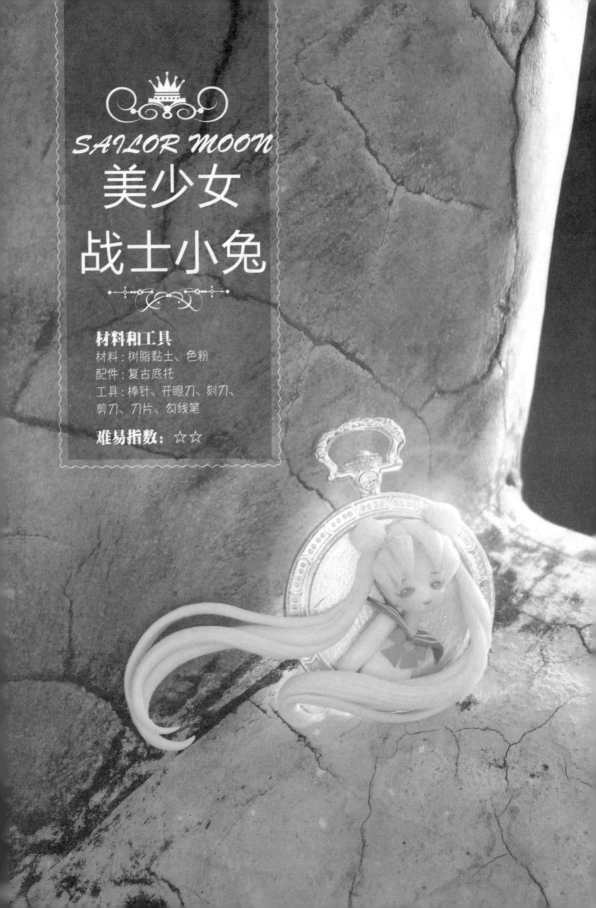

# SAILOR MOON
## 美少女
## 战士小兔

**材料和工具**

材料：树脂黏土、色粉
配件：复古底托
工具：棒针、开眼刀、刻刀、
剪刀、刀片、勾线笔

**难易指数：**☆☆

## 注意事项

★ 美少女战士最有特点的部分是她的头
发，所以一定要把握好。

1

用肉色黏土做上半身，涂上
白乳胶，粘在底托上。

2

将白色黏土压扁，用刻刀切
出矩形片。

3

将白色矩形片黏土包裹在
身体上，多余的部分用刻刀
切掉。

4

取少量红色黏土压扁，用刻
刀切出图4形状，准备做
蝴蝶结。

5

将形状较长的两片对折起
来，中间留出空间。

6

将红色的蝴蝶结粘在胸前。

7

在粘好的蝴蝶结中间黏一
个金黄色小圆做装饰。

8

搓出白色小水滴形黏土做
小手臂。

9

将小手臂粘在身体外侧。

10

再搓一个白色长条，做另一
只手臂。

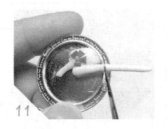

11

粘好后剪掉多余的部分。

12

将蓝色黏土压扁，用刻刀划
出图 12 的形状，做衣领。

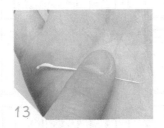

13

再取一点点白色黏土搓成
很细的长条。

14

将白色细长条切出 4 ~ 6
段，分别粘在两个衣领边缘
做装饰。

15

衣领粘贴时与其垂坠的形
态保持一致。

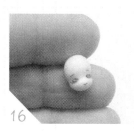

16

做出头部。

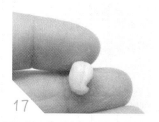

17

取少量黄色黏土粘在后脑勺
位置。

18

将头部粘贴到身体上。

19

取少量黄色黏土粘在头顶
位置。

20

用刻刀划出发丝线。

21

搓一条较长的黏土，稍压扁
一点，用刀片划出发丝线。

22

将其做成波浪状长发，粘在
头部。

23

做第二条细长波浪状头发与
第一条粘贴在一起。注意两
条长发间要留有空隙。

24

做出第三条长发，与前两条
进行粘贴。

**25**

波浪状长发做好后的效果。

**26**

同样方法再做三条长发，粘在头部的另一侧。

**27**

做出头发自然飘逸的形态。

**28**

头部两侧均粘贴三条粗细一致的长发。太多反而显得累赘。

**29**

用刻刀划出发丝线。

**30**

取一点黄色黏土，压扁后用刻刀切出三角形，并划出发丝线。

**31**

将其粘在刘海位置。

**32**

做两片三角形，划出发丝线，做头部一侧刘海。

**33**

可用棒针将其挑高，做出空气刘海。

34

做好头部另一边的刘海。

35

在脸部涂上腮红，完成。

36

可将其做成胸针、项链、钥匙扣等。

分享一组可爱黏土
## 小物件

简单精致的黏土小物件你喜欢吗？很漂亮又很可爱，闲暇之余可以亲手制作自己喜欢的黏土小物件。

# 提升篇

## 爱上精灵乐园

GLUE
BOTTOM

# 滴胶
# 底托

**材料和工具**

材料：水晶滴胶、色膏、闪粉
配件：模具
工具：玻璃棒、吸管、量杯、
一次性杯子

**难易指数：** ☆

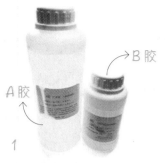

A 胶

B 胶

1

A胶与B胶

★ 质量比：A：B=3：1；

★ 体积比：A：B=2.5：1。

2

按照 3：1 的质量比将 A 胶、B 胶倒入量杯，根据所做的底托数量控制滴胶的用量。

3

取玻璃棒搅拌混合滴胶两分钟左右，让 A 胶、B 胶充分融合。

4

将滴胶分别倒入两个杯中。

注意：由于滴胶很难清洗，所以建议使用一次性用具。

5

分别加色膏调色，颜色任选。

注意：如果要调实色或果冻色，则需要加入白色。

6

分别加入同色系闪粉。

7

搅拌均匀。

注意：图 7 蓝色没有加白色色膏，紫色加入了白色色膏。

8

分别倒入模具，可做单色底托，也可做彩色底托。

9

倒入的滴胶液面要比模具稍高些，因为滴胶干后会收缩。将其静置 7～8 小时，为了避免灰尘进入，可进行遮盖。

10

待干后可直接用手取出，此时的滴胶较硬。

11

实色和透明色底托。

12

一次可多调几种颜色，多做几个底托。

JEWEL
MERMAID
# 宝石
# 美人鱼

**材料和工具**

材料：树脂黏土、白乳胶、闪粉、
亮片、闪钻、玻璃胶、色粉
配件：滴胶底托
工具：捧针、开眼刀、刻刀、
剪刀、刀片、勾线笔

**难易指数：** ☆☆☆

1

调出浅蓝色黏土球备用。

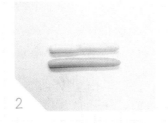

2

取一点白色黏土搓成长条，与浅蓝色黏土做渐变处理。

3

将渐变色黏土压展。

4

将渐变色黏土反复折叠、压扁，直到调出自然的渐变色黏土。

5

最后把黏土捏成较短的长方体。静置约10小时。

6

浅紫红色黏土球与浅蓝色黏土球做渐变处理。

7

尽可能调出较自然的渐变色黏土。

8

将其搓成长条，尾部弯曲。

9

捏个水滴状的上半身。

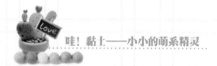

10

将人鱼身体粘在透明的蓝色底托上，造型要柔美。

11

折三只鱼尾鳍。

12

把尾鳍顶端压扁，用剪刀剪出尖角，方便粘在鱼尾部。

13

涂白乳胶，将尾鳍依次粘在鱼尾处，并调整其摆动的方向。

14

用刻刀划出图14的形状，做人鱼的臀鳍。

15

将其折叠并用手指将中间部位压扁。

16

用剪刀剪掉有压痕的部分。

17

将臀鳍粘在人鱼腰部。

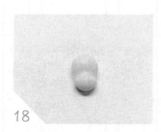

18

接下来就可以做头部了。

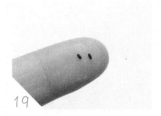

19

用红褐色黏土捏出两个小点做眼睛。

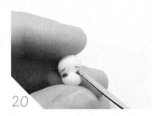

20

粘好眼睛，再搓纤细的小长条做眉毛。

注意：一定要搓很细，才会显得很精致。

21

用白色黏土点做出眼部高光，再做个小嘴巴。

22

搓两只小胳膊。

23

然后把头部、胳膊与身体粘贴，并注意调整其姿势。

24

做一条白色波浪状长发，粘在后脑勺部位。

25

再做3~5条长发，同方向依次粘在头部。

26

在头部与底托接触的一侧粘两条卷曲的头发。

27

用工具在后脑勺中间位置戳个长洞。

28

做一个小鱼鳍插在洞里面。

29

用浅紫色黏土搓两个小圆点，稍微压扁并划出纹路做小内衣。

30

将做好的小内衣粘在胸前就可以了。

31

将粉红色闪粉涂在鱼尾连接处做装饰。

32

菱形亮片随意粘在臀部。

33

在鱼鳍与头发的接合处粘两颗闪钻。

34

将色粉涂在脸颊和关节处。

35

待蓝白渐变色黏土干度达80%左右时，就可以用刀片切割出宝石形状。

36

用刀片削尖白色黏土一端。

37

粘一些菱形亮片。

38

蓝色黏土一端切出斜切面，方便与鱼尾粘贴。

39

涂点玻璃胶粘得更牢固。

40

将"宝石块"依次粘在底托上，注意修剪粘贴处，以便粘贴。

41

粘好的"宝石块"。

42

将用剩的"宝石块"切短，粘在尾部。

43

在尾部粘 3～5 块即可。

44

在人鱼手掌上粘一颗闪钻，就完成了。

45

待干后可以涂防水保护油。可做成项链、胸针、摆件等。

PARENT
MERMAID
亲子
美人鱼

**材料和工具**
材料：树脂黏土、白乳胶、
闪粉、亮片、色粉、珍珠等
配件：滴胶底托
工具：棒针、开眼刀、刻刀、
勾线笔

**难易指数：**☆☆☆

1

准备一个底托。

2

在底托后面粘透明胶带。

3

将碎玻璃、海星和小气泡珠粘在胶带上。

4

在胶带上挤满UV胶，并将装饰物全部覆盖住。

5

将底托于紫外线灯下静置两分钟或在日光下晒5～10分钟即可。

6

最后把透明胶带撕掉。

7

底托背面的样子。

8

用少量红色黏土加黄色黏土调出橙色黏土球。

9

少量红色黏土加白色黏土调出粉红色黏土球。

将橙色黏土球和粉红色黏土球分别加素材色黏土，调出有透明度的黏土球。

将调好的透明色黏土球分别搓成长条，做渐变处理。

将两种黏土混合后，重复折叠并碾压均匀，直到做出自然的渐变色。

将其搓成长条制作人鱼的下半身。

搓出人鱼妈妈的下半身，并将大腿与小腿沿关节处弯折。

搓出人鱼妈妈的上半身，多余的部分用刻刀切除。

将人鱼妈妈的上半身与下半身一起粘在底托上。

做一条坐在人鱼妈妈怀里的人鱼宝宝的下半身。

用渐变色黏土搓出人鱼宝宝的下半身。
注意：亲子人鱼的颜色要有差异。

19

调白色和橙色渐变的黏土，用刻刀切出尾鳍的形状，并划出纹路。

20

将尾鳍分别折好。

21

用刻刀将顶端切成尖角方便粘贴。

22

将渐变的橙色尾鳍粘在小人鱼的尾部。

23

调白色和粉色的渐变色黏土，用刻刀切出尾鳍形状。

24

折叠尾鳍并用刻刀将其顶端切成尖角。

25

将渐变的粉色尾鳍与人鱼妈妈的鱼尾粘贴。

26

将渐变的橙色臀鳍粘贴在人鱼妈妈的腰间。

27

将小人鱼粘在大人鱼腿上。

28

将渐变的粉色臀鳍粘贴在
小人鱼腰间。

29

分别搓出大小人鱼的手臂，
注意比例适宜。

30

做出人鱼妈妈怀抱小人鱼
的姿势。

31

分别做出大小人鱼头部和
面部表情。

32

分别粘好头部，注意头部的
变化要与肢体协调。

33

用浅蓝色黏土搓长条，然后
用刻刀压出发丝线。

34

将头发做成波浪状粘在人
鱼妈妈的后脑勺。

35

做 3 ~ 5 条波浪状长发。

36

在头发与身体接触的地方
可以涂白乳胶，以固定头发
造型。

头部的另一侧也做两条短发,再用刻刀划出发丝线。

做一条刘海稍盖住额头。

用刻刀划出发丝线。

做一条波浪长发,稍微遮住脸颊。

用开眼刀在头部后面掏个小洞。

插入小鱼鳍。

用白色黏土搓细长条做小人鱼头发,尾部稍卷曲。

粘在小人鱼头部。

做5~6条类似的头发。

做出刘海位置的头发。

做一两条头发稍遮住脸颊。

在小人鱼紧挨大人鱼脸颊的位置粘贴2～3条头发。

将色粉刷在人鱼的脸颊及关节部位。

用闪粉装饰人鱼下半身及鱼尾的连接处。

在鱼尾部再粘贴一些亮片。

在头发与鱼鳍接触的位置粘贴两颗闪钻。

在鱼尾与尾鳍连接处粘贴珍珠或闪钻进行装饰。

头发上面也可用珍珠装饰。

同样也可以做成项链、
胸针或者摆件之类的。

## BUTTERFLY FAIRY
# 蝴蝶
# 小仙子

**材料和工具**

材料：树脂黏土、白乳胶、
闪钻、闪粉、色粉
配件：滴胶底托
工具：棒针、开眼刀、刻刀、
剪刀、刀片、勾线笔

**难易指数：** ☆☆☆

1

准备一个带花边的底托。

2

将两条腿做好。

3

在大腿处涂白乳胶粘在底
托上，注意脚的姿态。

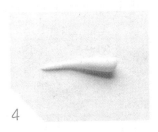

4

搓出长水滴形做上半身。

5

将上半身粘在底托上，并调
整好整个身体的姿态。

6

将红褐色黏土切出图6的
形状做裙子。

7

将裙摆的花边交错对折起
来，腰部位置用手指压扁。

8

用剪刀修剪掉手指压过的
部分。

9

将裙子涂白乳胶粘在腰部。

10

将红色黏土压扁后包裹在
上半身做上衣。

11

取少量粉色黏土与白色黏
土调出浅粉色黏土球。

12

将调好的黏土压扁，用刻刀
划出翅膀的形状。

13

在翅膀边缘粘一圈红褐色
黏土。

14

用棒针压出弧形。

15

将翅膀边缘压扁。

16

配合弧形，修剪边缘。

17

用白色黏土搓出小点，粘在
翅膀的红褐色花边上。

18

将做好的两只翅膀折起来。

19

再把翅膀粘在仙子背上。

20

做一只小手臂，调整其姿势
并粘好。

21

做出头部并固定在底托上
与身体粘好。

22

调出橙色黏土，做一条长的
卷发。

23

再做 4 ~ 6 条金色卷发，
粘在头部。

24

额头处再粘两条卷发，这样
不会显得额头很大。

25

头部与底托接触的位置也
粘两条卷发。

26

再搓三条细长的黏土，并将
一端粘在一起。

27

编出麻花辫。

28

麻花辫可稍微编长一点，方便粘在头上。

29

编好后的效果。

30

在辫子两端涂一点白乳胶，环绕额头粘上去。

31

在翅膀上涂一点白色闪粉，让翅膀看起来充满仙气。

32

翅膀边缘可涂些粉色闪粉增加质感。

33

在脸颊和关节处涂上色粉或化妆用腮红。

34

头发上粘两颗闪钻做装饰。

35

最后在底托和脚踝处粘上闪钻，就完成了。

36

成品效果图。

# CHEONGSAM FAIRY

# 旗袍
# 小仙子

## 材料和工具

材料：树脂黏土、白乳胶、
闪粉、珍珠、色粉
配件：滴胶底托
工具：棒针、开眼刀、刻刀、
剪刀、勾线笔

**难易指数：**☆☆☆

1

准备一扇窗户模型做底托，颜色和风格偏古朴。

2

做出两条腿。

3

将腿粘在底托上，调整好腿的姿势。

4

做出仙子上半身并粘在底托的框架上，不要粘在镂空处。

5

将白色黏土压扁，用剪刀剪出长方形布片状并在底边留豁口做旗袍。

6

将白色黏土片包裹在身体的合适位置。

7

用剪刀修好造型并剪掉多余的部分。

8

将修剪后的缝隙抹平整。

9

在脖子处粘一小块白色黏土做衣领。

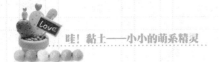

10

搓出细长的深蓝色黏土条。

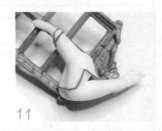

11

将黏土条粘在衣领和衣服
的边缘做装饰。

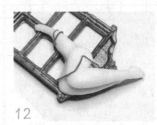

12

适当做调整，使衣服贴身。

13

在豁口处粘一枚旗袍扣子。

14

搓一条手臂，将手臂搭在窗
框上。

15

做一个闭着眼睛的头部。

16

将头部粘在脖子处。

17

调整头部姿势，使之与身体
协调。

18

取白色黏土搓成长水滴形。

**19**

压扁后用刻刀划出羽毛的
纹路。

**20**

做8～10根羽毛,将其一
层层粘贴。

**21**

靠近背部一侧的羽毛可做
小一些。

**22**

搓一根白色长条,粘在羽毛
上端边缘。

**23**

用开眼刀划出纹路,让白色
长条与羽毛更加融合。

**24**

用同样方法再做一只翅膀。

**25**

将翅膀粘在仙子的后背。

**26**

用黑色黏土做头发。搓成长
条状,压扁,用刻刀划出发
丝线。

**27**

将头发粘在后脑勺,并将其
卷曲。

28
用黑色黏土压出长菱形。

29
将其包裹在头顶上。

30
用刻刀划出发丝线与梳理方向。

31
再搓一缕小的头发，粘在额头处，用刻刀划出发丝线。

32
最后搓一个小椭圆发髻。

33
将发髻粘在后脑勺位置，使作品形象优雅又不失古典韵味。

34
在翅膀上涂一些与旗袍颜色协调的蓝色和深蓝色闪粉，头发上可粘两颗蓝色珍珠做装饰。

35
两颊及关节处刷上腮红，就完成了。

36
可做成项链、胸针或摆件。

## PRINCESS BELLE

# 美女贝儿
# 公主

**材料和工具**

材料：树脂黏土、白乳胶、
闪粉、闪钻、色粉
配件：滴胶底托
工具：棒针、开眼刀、刻刀、
剪刀、勾线笔、白棒

**难易指数：** ☆☆☆

1 准备一款比较华丽的底托。

2 取白色黏土压扁，用剪刀剪出长条状。

3 将长条一端卷起来。

4 再翻折过来。

5 重复折叠数次。

6 全部折叠完的样子。

7 取黄色黏土和金色黏土调出金黄色黏土球。

8 将金黄色黏土压扁，做成长条状，重复折叠数次，做出裙子的褶皱。

9 将折叠后的白色黏土和金黄色黏土叠在一起粘贴。

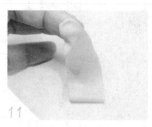

取适量金黄色黏土压展，用刻刀将其边缘划平整。

将铺在桌面上的黏土翻起。

准备折叠。

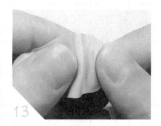

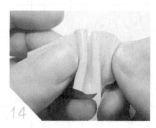

正反面折叠黏土片。

折出 6 ~ 7 个褶皱。

将折好的黏土边缘压平整。

用刀片进行修整。再做 3 个相同形状的黏土片。

在有褶皱的黏土片边缘涂上白乳胶。

将 4 个有褶皱的黏土片粘在一起。

19

把裙摆和裙身粘起来，裙子就完成了。

20

取一小块金黄色黏土粘在底托边缘填充裙子。

21

再把裙子粘上去。

22

捏一个长水滴形做上半身，并粘在底托上。

23

搓一块金黄色薄片做上衣。

24

用开眼刀划出衣服纹理。

25

做两只小手臂。

26

将手臂粘在身体上，调整手的姿势。

27

搓两个金黄色小长水滴。

将两个金黄色小水滴粘在肩膀处。

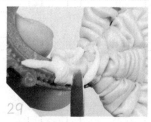

用开眼刀划出衣服纹路。

取橙色黏土，做出图30的形状。

将该形状粘在距离裙底1/3处，用开眼刀划出褶皱。

做3～4个橙色褶皱带，粘在一起。

在裙带中间可以粘上闪钻进行装饰。

做出头部。

取红褐色黏土粘在后脑勺，将头部与身体粘在底托上。

用褐色黏土搓一缕长发，发尾稍卷曲。

再做 4 ~ 5 缕长发，一起粘在头部。

头部另一侧也做 2 ~ 3 缕头发，并进行粘贴。

在头顶粘一块褐色黏土，用刻刀划出发丝线。

再做两缕头发，粘在额头处。

搓一个小圆球粘在头顶做发髻，用刻刀划出发丝线。

将绿色黏土搓成长条后粘在底托上，用刻刀划出枝条的纹理。

做两片叶子粘在枝条上。

取一点红色黏土压展后卷起来做花蕊。

在手指上搓一点红色黏土，用白棒压扁做花瓣。

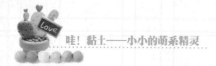

用白棒压展后的花瓣效果。

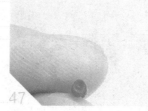

将花瓣包住花蕊。注意花瓣内扣的一面贴近花蕊。

再做3～5片花瓣，将花蕊均匀地包裹起来。

将最外层花瓣外扣的一面贴近花蕊包裹。

最外层的花瓣做3～4片，均为外扣的一面包住花蕊。

外层花瓣的边缘向外卷。

做好后用剪刀修剪花朵底部，方便粘贴。

将花朵粘在枝条上。

做3～5片花瓣装饰底托。

55

在裙子的橙色装饰带上涂闪粉，增加亮度。

56

在裙摆和玫瑰花上涂金色闪粉。

57

在脸颊和手臂的关节处涂腮红。

58

最后在底托上粘3颗闪钻，进行装饰。

59

完成后的作品。

60

可做成项链或摆件。

一看就会的自我升级课程

超级简单的棒棒糖！
相信你是个无师自通的天才！

# ALICE IN WONDERLAND

# 爱丽丝
# 梦游仙境

**材料和工具**

材料：树脂黏土、透明胶带、UV胶、钟表零件、色粉

配件：滴胶底托

工具：棒针、开眼刀、刻刀、勾线笔

**难易指数：**☆☆☆

1

准备一款清新的底托。在底托后面粘上透明胶带。

2

在胶带上粘一些钟表零件的小配件。

3

在胶带上挤 UV 胶后静置于日光下 3 ～ 5 分钟（或在紫外线灯下照射两分钟），待 UV 胶干后把胶带撕掉。

4

用白色黏土搓成两条腿。

5

将黑色黏土搓成小椭圆形并压扁。

6

将椭圆黏土粘在脚底做成鞋子。

7

将腿粘在底托上并调整好姿势。

8

用肉色黏土做出上半身。

9

将浅蓝色黏土压扁，用刻刀切成长条做裙装。

10

将浅蓝色长片黏土折成有褶皱的裙摆。

11

将素材色长片黏土折成有褶皱的裙摆。

12

把素材色裙子粘在浅蓝色裙子下面。

13

用工具修整裙摆及细部。

14

将浅蓝色黏土压扁，刻刀划出方形"布片"。

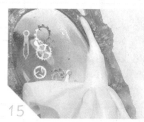

15

将布片粘在上半身做衣服。

16

再粘一块白色方片做围裙的上衣。

17

用白色黏土做出围裙的裙身，粘在浅蓝色裙身上。

18

做出两只小手臂。

19

将手臂粘在身体上，并调整好姿势。

20

将浅蓝色黏土切出半弧形，如图 20 所示。

21

将浅蓝色半弧形黏土粘在手臂上做袖子，用刻刀修饰袖口边缘。

22

做出袖口的褶皱。

23

用棒针将肩部的衣服压出褶皱，再做出另一只袖子。

24

做好头部粘在身体上，调整好姿势。

25

用黄色黏土做波浪长发，并粘在头部。

26

再做一绺细一点的卷发粘在头部。

27

继续做 3 ~ 4 绺卷发粘贴在头部。

28

在头部接触底托的内侧再做两绺卷发。

29

做一绺小卷发粘在额头处。

30

取少量黑色黏土搓成长条，粘在头顶做发带。

31

搓出两条黑色黏土再压扁，用刻刀划出树叶形状，并将两端对折。

32

将对折后的两片黏土与黑色黏土条粘在一起。

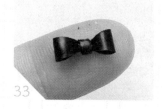

33

用多余的黑色黏土条固定两片黏土，做出蝴蝶结。

34

将蝴蝶结涂白乳胶后粘在发带上。

35

接下来开始做蘑菇。将红色黏土搓小圆，再用白棒戳出凹面。

36

将白色黏土搓圆塞进红色凹面，用刻刀在露出的白色黏土上划出蘑菇的菌褶。

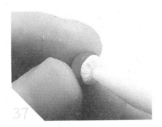

37

在白色黏土中间位置戳个小洞。

38

将白色黏土搓成小圆点，粘在红色黏土上。

39

用白色黏土搓个小水滴形插进小洞做菌柄，用刻刀划出菌柄的纹理。

40

将做好的两枚蘑菇粘在底托上。

41

用深绿色黏土搓两个小长条，将尾部稍卷曲做树根。

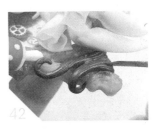

42

将树根粘在底托上，用开眼刀划出树根的纹理。

43

在底托上再粘一些齿轮做装饰。

44

在脸颊及关节处刷上腮红，就大功告成了。

45

可做成项链或摆件。

延展篇

放飞精灵

# 美人鱼
# 手机壳

**材料和工具**

材料：树脂黏土、闪粉、亮片、小贝壳、色粉、丙烯颜料、UV胶等

配件：手机壳

工具：棒针、白乳胶、开眼刀、刻刀、刀片、勾线笔

**难易指数：** ☆☆

1

准备一个白色或黑色的手机壳。

2

调出各种浅色系黏土球，搓成椭圆小球并压扁。

3

然后一个挨一个，层层粘贴在手机壳上做气球。

4

用红褐色黏土搓出三根纤细的长绳，用来绑气球。

5

将长绳粘在气球下面即可。

6

再做两个小气球粘在距气球群稍远的位置，会显得更自然。

7

将粉色黏土搓成水滴形，准备做较胖的美人鱼身体。

8

将人鱼的腰部压扁一点，再将尾部稍弯折。

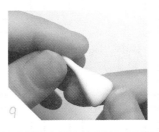

9

用肉色黏土搓出上半身。

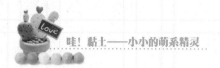 

10

将上半身和下半身粘贴在一起。

11

做两只小尾鳍。

12

把整个身体和尾鳍粘在手机壳上。

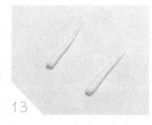

13

取白色黏土搓成两个长条。

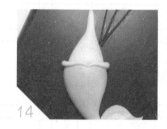

14

将小长条对称环绕粘贴在人鱼腰间。

15

斜俯视效果图。

16

用肉色黏土做个偏方的脸，静置待干。

17

取红褐色黏土搓成细长条，粘在胸前。

18

做两只胖手臂。

19

将手臂粘在身体上，调整好
姿势。

20

待脸部干后可以做上表情。

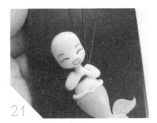

21

将头部调整好方向与身体粘
贴，并固定在手机壳上。

22

用橙色黏土做卷发，并用刀
片划出发丝线。

23

将卷发粘在头部一侧。

24

再粘一缕较细的卷发。

25

继续粘 2 ~ 3 缕卷发。

26

在头部另一侧粘 2 ~ 3 缕
卷发。

27

在额头前继续粘贴 2 ~ 3
缕头发。

28

用开眼刀将额头前的头发稍挑空，使秀发更显飘逸。

29

接着在鱼尾处涂上闪粉，腰间粘上亮片。

30

在头发上粘贴贝壳做装饰。

31

在脸颊和关节处涂上腮红。

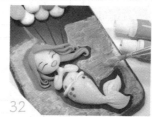

32

用白色和蓝色的丙烯颜料，在手机壳周边上色。
注意：下笔方向要统一。

33

手机壳上所涂的颜色应与人鱼颜色协调。

34

在人鱼的周边粘些贝壳纸。

35

在黏土周围涂一层 UV 胶，在日光或紫外线灯下静置一段时间即可。

## SEA-MAID

# 贝壳
# 美人鱼

### 材料和工具

材料：树脂黏土、色粉、闪粉、白
乳胶、贝壳纸、滴胶、珍珠、UV胶
配件：贝壳
工具：棒针、开眼刀、刻刀、剪刀、
刀片、勾线笔

**难易指数：** ☆☆

1 准备两枚宽为 5 ~ 6 厘米的贝壳。

2 用橙色黏土做细长的人鱼身体，再将腰部位置斜压平一些。

3 用素材色黏土搓出一个上半身。

4 将身体上半身和下半身涂白乳胶粘在一起。

5 做 2 ~ 3 只渐变色尾鳍。

6 折叠鱼尾鳍。

7 将尾鳍粘在鱼尾处。

8 再做两只小鱼鳍粘在腰间。

9 将人鱼粘在贝壳里面。

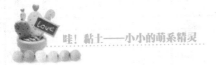

10

做一只小手臂。

11

将手臂粘在身体上，调整手臂姿势，让其扶着贝壳。

12

做出头部粘在身体上，调整头部方向，让其靠在贝壳上。

13

用黄色黏土做一绺长卷发。

14

将卷发粘在头部下方。

15

做3～5绺长发粘在一起。

16

接下来做2～3绺头发粘在头顶上。

17

让头发稍稍遮挡住额头。

18

用开眼刀将前额的头发挑空，这样会显得更加自然。

19

在脸颊和关节处涂上腮红。

20

头部粘贴上小鱼鳍。

21

鱼尾连接处涂闪粉做装饰。

22

在贝壳底部放一些蓝色贝壳纸。

23

在贝壳内挤入滴胶，同时放一些蓝色闪粉调色。

24

还可以在贝壳内放几颗大小不等的珍珠。

25

于紫外线灯或日光下静置一段时间即可。

26

将两只贝壳对称粘在一起。在两只贝壳的缝隙间挤上UV胶，迅速将其烤干。

27

可以涂防水和防尘保护油。

*FAIRY GIRL*

# 花仙子
# 相框

## 材料和工具

材料：树脂黏土、丙烯颜料、白乳胶、色粉

配件：相框

工具：棒针、开眼刀、刻刀、勾线笔

**难易指数**：☆☆☆

准备一个小相框。

将相框底板取出，用丙烯
颜料涂渐变色，色彩变化
由深到浅。

待颜料干后将绿色黏土搓
成长条，做弯卷的枝条。

用不同深度的绿色做粗细、
长短不等的枝条。

将黄色黏土搓成小圆球后
压扁做花瓣。

做 4 ~ 5 片黄色花瓣。

将花瓣粘在枝条上面，花瓣
中间粘一个小白点做花蕊。

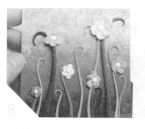

再做一些颜色和大小不一
的花朵粘在枝条上。

将粘有黏土花的底板重新
装于相框内。

10

接下来开始做花仙子。先搓
两条腿。

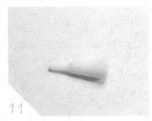

11

再搓好上半身。

12

将身体暂放于相框上并调
整好坐姿。

13

做7～8片粉色与白色渐
变的黏土花瓣。

14

用工具刀依次划出花瓣上
面的纹路。

15

做好的花瓣效果图。

16

然后将花瓣由大到小围着
身体粘贴。

17

一片叠一片螺旋形粘贴在
身体上做裙子。

18

将花瓣的末端稍卷曲，让裙
子更显生动。

将身体粘在相框上。

做好头部和面部表情。

将浅黄色黏土粘在后脑勺。
将头和身体粘贴并与相框
固定。

再做两只小手臂。

将手臂粘在身体上并摆好
姿势。

将浅黄色黏土搓成波浪状
长发，粘在头顶上。

做3～4绺长卷发。
注意：头发粘贴在仙子背后
时应疏密有致。

搓一绺较短的卷发。

将短发粘在头部另一侧，并
将发尾收拢至后背。

28

前额处再粘贴两绺秀发。

29

调整头发的卷曲度，让其显得更加自然。

30

编一根小辫子。

31

将辫子粘在额头前。

32

用粉色黏土做大小两朵花。

33

将小花粘在大花上面，然后在小花中间粘贴圆形花蕊。

34

将花朵粘在头顶一侧。

35

最后在脸颊和关节处涂上腮红即可。

36

一个独特的立体花仙子相框就完成了。美美地装饰自己的家吧！

精灵球
钥匙扣

**材料和工具**

材料：树脂黏土、白乳胶、色粉

配件：钥匙扣

工具：棒针、开眼水、刻刀、剪刀、
刀片、勾线笔

**难易指数：**☆☆☆

准备塑料球钥匙扣配件。

用肉色黏土搓出上半身。

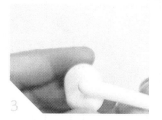

再用肉色黏土做出头部及脸部轮廓。

用手指调整脸颊细部。

将肉色黏土搓成小长水滴形并压扁，将尖的一端稍做弯曲。

用开眼刀划出精灵耳朵的形状。

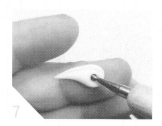

再用笔在圆头的一侧压出一个小洞。

接着划出耳朵的轮廓，并用剪刀修剪。

将做好的两只耳朵粘在头部偏下方的位置。

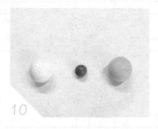  

**10** 取少量深绿色黏土加白色黏土，调出浅绿色黏土球。

**11** 将一部分浅绿色黏土压扁后切出一片长条。

**12** 将黏土片折出褶皱，再用剪刀将其边缘修剪整齐。

 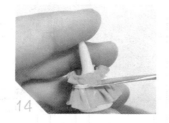 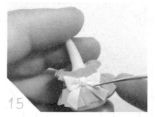

**13** 将做好的两条褶皱带粘在身体上做裙子。

**14** 搓一长条白色黏土粘在腰间做裙带。

**15** 用白色黏土做一枚蝴蝶结粘在裙带上。

  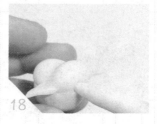

**16** 取少量橙色黏土加白色黏土，调出浅橙色黏土球。

**17** 取一小部分浅橙色黏土，粘在后脑勺处。

**18** 用白棒在头底部戳出凹槽。

将头与脖子粘贴在一起。

搓出两个红褐色的椭圆点做眼睛。

将眼睛粘在眼眶内并将其压扁。

搓两条纤细的小长条粘贴在眉毛处。

将白色黏土搓成小圆点做出眼睛的高光。

用红色黏土条做出嘴巴。

取浅橙色黏土包住后脑勺。

用刻刀划出发丝线。

将浅橙色黏土搓成长水滴形，压扁，并用刀片划出发丝线。

28

将其卷曲后粘在额头上。

29

再做一绺浅黄色卷发粘在额头另一侧。

30

继续做一绺卷发粘在额头前，发尖上翘。

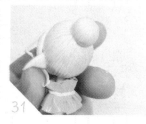

31

搓个小圆球粘在后脑勺做丸子头，划出发丝线。

32

用绿色黏土做两片小叶子。

33

将小叶子粘在发髻旁边做装饰。

34

在精灵的脸颊上涂些色粉。

35

将干后的精灵放入塑料球中，添加棉花增加梦幻感。

36

装入其他配件后作品就完成了。

SEA-MAID

# 美人鱼
# 花器

### 材料和工具

材料：树脂黏土、白乳胶、碎玻璃、
小石子、水草、贝壳、酒精胶、闪粉、
色粉、海星等
配件：钥匙扣
工具：棒针、白乳胶、开眼刀、刻刀、
剪刀、刀片、勾线笔、黏土擀面杖

**难易指数：☆ ☆ ☆**

1

准备一个白色花盆。

2

准备贝壳、碎玻璃、小石子、海星、水草等配件。

3

在花盆底端涂一圈酒精胶。

4

粘上深蓝色小碎玻璃片。

5

再粘一层浅蓝色碎玻璃片。

6

最后粘几颗小石子即可。

7

取少量紫色黏土加蓝色黏土，调出靛蓝色黏土球。

8

取少量靛蓝色黏土搓成长水滴形。

9

做出人鱼的下半身，圆头部分压扁一些。

10

用肉色黏土搓出上半身。

11

在腰部涂白乳胶。

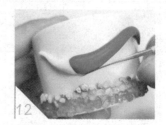

12

将身体粘在一起并粘贴在花盆外侧。

13

准备靛蓝和浅蓝色黏土。

14

将其搓成长条后粘在一起，准备调渐变色黏土。

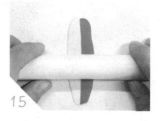

15

压展、折叠数次。

16

调好的渐变色黏土效果。

17

用刻刀划出鱼鳍的形状。

18

压出鱼鳍的纹路。

沿着鱼鳍边缘进行折叠，将折在一起的部分用手轻轻固定。

将鱼鳍尾端聚拢，让其看起来更加自然。

做五片大小不等的鱼鳍。

将两只尾鳍粘在鱼尾处。

将尾鳍的折痕压紧，会显得更加灵动。

可在鱼尾处再粘贴一片小尾鳍。

粘两片小鱼鳍于腰间。

做出头部、面部表情和眼部高光。

将浅黄色黏土粘在后脑勺。

28

将头部与身体粘贴并调整好姿势。

29

做一只小手臂。

30

将手臂粘在身体上并摆好姿势。

31

做出另一只小手臂并粘贴。

32

用浅黄色黏土搓出一绺长头发。

33

用刀片划出发丝线。

34

将头发粘在头部，并将其塑形成大波浪卷发。

35

做出第二绺卷发。

36

做出第三绺卷发并将发尾卷曲。

**37**

做出第四绺卷发。

**38**

搓出一条较短的头发。

**39**

粘在头部另一侧，做出飘逸的长发。

**40**

继续做出第二绺，注意与脸颊留出空隙。

**41**

再做第三绺头发并将发尾卷曲。

**42**

在额头另一侧再做一绺长发，注意与脸颊留有空隙。

**43**

在鱼尾连接处涂上白乳胶。

**44**

将蓝色闪粉粘在鱼尾处。

**45**

在腰部粘贴蓝色闪粉。

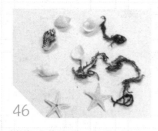

46

准备一些海星、水草、贝壳、海螺等小配件。

47

将海星与水草等配件涂酒精胶粘在花盆上做装饰。

48

在花盆的背面可粘贴一些水草与海螺。

49

粘一些小气泡珠在海底。

50

在人鱼脸颊涂上腮红。

56

在花盆的留白处涂上蓝色闪粉。

52

作品展示图（前）。

53

作品展示图（中）。

54

作品展示图（后）。

### 黏土动漫头像

　　体验夸张人物头像造型的乐趣，培养对动漫人物的审美情趣。学习抓住人物头像特征，使用夸张的表现手法；学会观察人物五官、表情特征，大胆表现人物头像，提高自己对人物特征的观察及立体造型表现力。

# FAERIE
# 小仙子
# 笔记本

## 材料和工具

材料：树脂黏土、亮片、白乳胶、
保鲜膜、色粉、闪粉
配件：笔记本
工具：棒针、开眼刀、刻刀、
剪刀、勾线笔、细节针

**难易指数：** ☆☆☆

1

准备一个小的硬壳笔记本。

2

将封面拆下来涂上白乳胶。

3

取一部分红褐色黏土压扁。

4

将封面在黏土上压出形状。

5

用刻刀把多余的黏土切掉，
做出黏土封面。

6

用细节针将黏土中的气泡
戳破。

7

将保鲜膜覆在黏土上面并
随意用手指挤压，制造不规
则纹路。

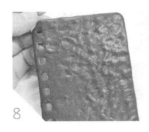

8

去掉保鲜膜后的黏土。

9

用少量红褐色黏土加绿色
黏土，调出深绿色黏土球。

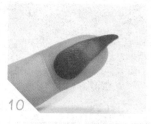

10

将深绿色黏土搓成长水滴形，并压扁做树叶。

11

用剪刀剪出树叶边缘的锯齿状。

12

将树叶粘在黏土封面上。

13

用工具划出叶脉纹路。

14

用细节针把树叶边缘戳出小洞。

15

做 12 ~ 14 片大小不等，形状不同的树叶。

16

将树叶分别粘在封面的上下侧。

17

封面下边缘可粘一些小石子做装饰。

18

取肉色黏土做出两条腿。

19

将双腿粘在封面上。

20

用肉色黏土搓出上半身，并与下半身粘贴。

21

将浅紫色黏土压薄，用刻刀划出不规则裙子的造型。

22

将划好的黏土片折起来。

23

把折叠的中间部分压得既薄又扁。

24

将裙子粘在身体上，用开眼刀调整裙摆细部。

25

裙尾处理得自然一些。

26

做出飘逸的裙尾。

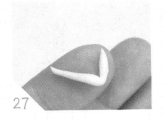

27

做出小手臂。

28 将手臂粘在身体上。

29 做另一只手臂，粘贴后调整好姿势。

30 用肉色黏土做出头部，调整脸部形状并做出面部表情。

31 将头部与身体粘贴。

32 用白色黏土做一绺头发。

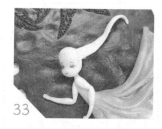

33 将头发粘在后脑勺，让头发飘动的方向与裙摆飘的方向一致。

34 再做出第二绺头发，粘在头上。

35 将第三绺秀发粘在头顶。

36 在额头处再粘一绺头发，并将发尾卷曲。

37

头发与额头的接触面留出
空间。

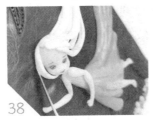

38

在头部另一侧再做2绺较
短的头发黏合。

39

让头发与额头接触的位置
留出空隙。

40

最后做一绺长发遮挡额头。

41

在脸颊处涂上腮红。

42

在树叶上不均匀地涂上浅
绿色色粉。

43

根据光照情况可在部分树
叶上涂深绿色色粉。

44

也可涂少量黑色色粉。

45

叶子边缘可以涂一些蓝色
色粉。

在封面和裙子上涂一些紫色色粉。

在叶片上涂一些绿色闪粉。

在树叶周围涂蓝色闪粉。

在封面上粘一些不同大小的绿色亮片。

小仙子笔记本封面完成。

与笔记本组装在一起。

## 一看就会的自我升级课程

有了笔记本，还缺两个旅行箱就可以去远方采风了。

剩下的黏土材料正好可以做两只可爱的小皮箱。